Best Time

白 马 时 光

那些大海教我们的事

Life Lessons from the Sea

Soothing Wisdom from the Sea

抚慰人心的海洋智慧

肖心怡 译

〔澳〕安妮·戴维森 绘

〔英〕理查德·哈林顿 著

百花洲文艺出版社

BAIHUAZHOU LITERATURE AND ART PRESS

图书在版编目（CIP）数据

那些大海教我们的事 / (英)理查德·哈林顿著；
(澳)安妮·戴维森绘；肖心怡译. -- 南昌：百花洲文
艺出版社，2022.6
ISBN 978-7-5500-4722-8

Ⅰ.①那… Ⅱ.①理… ②安… ③肖… Ⅲ.①海洋 -
普及读物 Ⅳ.① P7-49

中国版本图书馆 CIP 数据核字（2022）第 080860 号
江西省版权局著作权合同登记号：14-2022-0035

LIFE LESSONS FROM THE OCEAN: SOOTHING WISDOM FROM THE SEA
First published in Great Britain in 2020 by LOM ART, an imprint of
Michael O'Mara Books Limited
Text and illustration copyright © Michael O'Mara Books Ltd 2020
The simplified Chinese translation rights arranged through Rightol Media（本书中文简体版权经由锐拓
传媒取得 Email:copyright@rightol.com）
Simplified Chinese translation copyright © 2022 by Beijing White Horse Time Culture Development Co., Ltd.
All Rights Reserved.

那些大海教我们的事 NAXIE DAHAI JIAO WOMEN DE SHI

〔英〕理查德·哈林顿 著　　〔澳〕安妮·戴维森 绘　　肖心怡 译

出 版 人	章华荣	
出 品 人	李国靖	
特约监制	何亚娟	
责任编辑	刘 云	陈 愉
特约策划	梁 霞	
特约编辑	马春曦	
封面设计	李 鑫	
版式设计	李 鑫	
版权支持	程 麒	
出版发行	百花洲文艺出版社	
社 址	南昌市红谷滩区世贸路 898 号博能中心 I 期 A 座 20 楼	
邮 编	330038	
经 销	全国新华书店	
印 刷	三河市兴博印务有限公司	
开 本	787mm×1092mm 1/32	
印 张	4.25	
字 数	25 千字	
版 次	2022 年 6 月第 1 版	
印 次	2022 年 6 月第 1 次印刷	
书 号	ISBN 978-7-5500-4722-8	
定 价	59.80 元	

赣版权登字：05-2022-91

发行电话 0791-86895108　　　　　网 址 http://www.bhzwy.com
图书若有印装错误，影响阅读，可向承印厂联系调换。

关于作者 / 绘者

理查德·哈林顿是一位海洋生物学家和作家。他是英国《海岸》杂志的定期撰稿人，曾为BBC的《蓝色星球2》和《蓝色星球·英国》等纪录片提供咨询。他曾在海洋保护协会工作，目前是"蜜蜂发展基金会"的沟通和筹款负责人。他喜欢在大海的潮汐之间探索生命。

安妮·戴维森是一位澳大利亚插画家，居住在墨尔本。她的作品跨越了不同的媒介，但主要是用细线笔和丰富的色彩来创作欢乐、充满活力和细节的作品。她的插画被用在书籍、纺织品、商店橱窗、墙壁贴纸上，出现在艺术展览中，并为世界各地的客户提供服务，其中包括《孤独星球》、匡威、墨尔本博物馆等。

目录

简介：

了解大海

几十亿年前，地球上的生命从大海起源。如今，大海仍在不知不觉地塑造着我们的生活，不仅给我们带来稳定的气候和赖以生存的氧气，还有食物、旅行和快乐。大海影响着我们的情绪和精神状态。它使我们精神焕发，拓宽我们的视野，带走生活中的烦恼。它在月亮与太阳的影响下不知疲倦地运动，深深影响着我们日常生活的节律。我们知道如今的海洋已遭到巨大的破坏，变得非常脆弱。我们对它了解得越多，就越有能力去修复它。不管是在海面上，还是在海面下，只要多花点儿时间与大海相处，真正地去了解它，你就会无法自拔地喜欢上大海。大海有那么多话想对你诉说，阅读本书，来发现海洋深处隐藏的秘密和宝藏吧！

寻找和观察海洋生物需要好奇心和耐心，但并不需要太多装备。你甚至不用打湿双脚，只要有一个防水双筒望远镜，就能看到鲸鱼和海豚了！若是在海岸上，你还可以准备一个浅盘，用来暂时安置想要观察的小动物，待观察结束后再将它们放回水中。但如果你想进行水肺潜水，那么更多的装备和规范的训练就必不可少了。不过仅仅利用面镜和呼吸管进行一次简单的浮潜，也能给你带来相似的体验，让你收获满满。一般来说，在观察海洋生物时，最好只用眼睛看，不要触摸，也不要移动附着在礁石上的动物和海藻，就让它们保持原状吧！

浮游植物说：
不起眼也能很美丽

那些最不起眼的小小浮游植物，却是海洋中最强大的生物。它们在浅海肆意生长，源源不断地将阳光和二氧化碳转化为能量，并释放出氧气。它们对海洋和陆地的生命结构都至关重要，我们呼吸的氧气一半以上来自它们。与扎根陆地的植物不同，海洋中的浮游植物可以随着洋流自由浮动，为了更方便地漂来漂去，它们长出了令人惊叹的外表。浮游植物的体积很小，但数量非常庞大，常常把海水染上赤红、翠绿等瑰丽的色彩；还有一些夜光藻，会在春夏之夜的海湾发光，形成壮观的美丽景象。

巨鲸和鲸鲨说：
"随波逐流"也挺好

在浮游植物的丛林中，居住着种类丰富的海洋生物。很多鱼、虾、蟹、海螺等，一开始都是小小的漂浮生物，你很难想象它们长大后会变成什么样子。海洋中还有一些蠕虫、甲壳类和软体动物，终其一生都生活在这个漂浮世界里。虽然这些丛林里的居民大部分都很小，但也有一些个头儿较大的水母浮游其中，体形庞大的棱皮龟和翻车鲀就以水母为食。而地球上最大的动物——巨鲸和鲸鲨——喜欢张着大嘴巴，边游边吞下一大口营养丰富的浮游生物"汤"。

苔藓虫说：
从周遭找到安慰

大海是许多生物共同的家园，其中的许多种类在陆地上都没有近似品种。比如苔藓虫，这些微生物聚居在礁石和海藻中，看起来就像一块软软的垫子或毛绒地毯，也有些会长成海草的样子，人们把这种苔藓虫叫作"角苔虫"或"海萝卜"。虽然大部分苔藓虫都是无害的，但也有渔民使用了接触过"海萝卜"的渔具后出现了类似湿疹的症状，这其实是由苔藓虫体内的一种化学物质引起的。

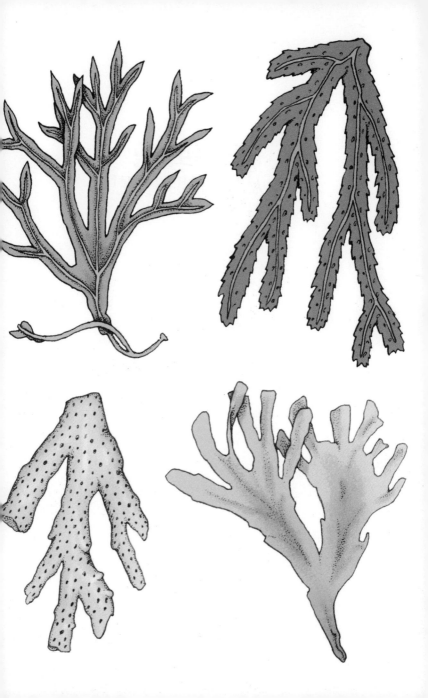

海绵说：
认真对待你在生活中扮演的角色

人类采集海绵已有数千年的历史，直到人造海绵出现。海绵的形态之多，令人惊叹，其实这些形态都是由大量体形极小、构造简单的多细胞生物组成的。在海绵中，每个处于特定位置的微小生命体都有其特定的使命，有的负责吸入含有食物的海水，有的负责过滤食物，还有的负责排出废物。海绵中的每一个小生命都认认真真地完成自己的任务，与其他同伴和谐相处、互利共赢。

鳚鱼说：
面对大风大浪，也要不慌不忙地呼吸

想象一下你是海里的一条鱼，每天都被海浪高高抛起——这样的情况可能每天都要出现两次，你有时被抛到大风里，有时会遇上倾盆大雨，有时又要经受阳光曝晒。听起来真可怕，但这却是一条普通的鳚鱼每天都要经历的事。鳚鱼常常藏在退潮后的礁石下面。如果你低头在礁石的缝隙里仔细找寻，很快就能找到一条。我们知道鱼儿必须在水里才能呼吸，但鳚鱼却可以通过皮肤吸入空气，离开水也能存活好几天。等到潮水涨回来，它就又能和其他鱼一样，在大海里恣意遨游，从水中获取氧气了。

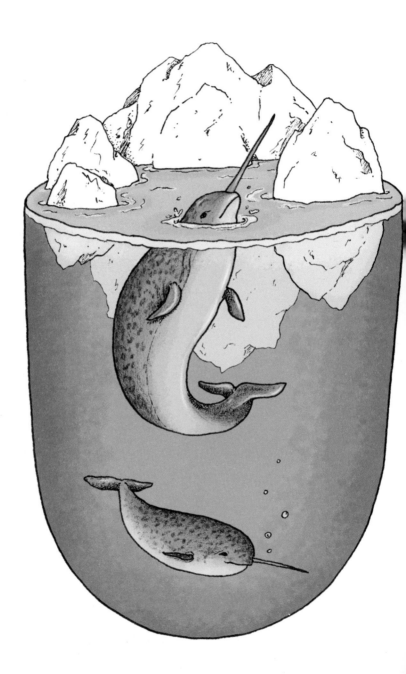

一角鲸说:
接受自己的不完美

北极是一片千里冰封的仙境,但藏在冰雪世界之下的大海却生机盎然,许多神秘、奇特的生物在这里繁衍生息,其中就包括长着一颗超大牙齿的一角鲸。一角鲸的前牙太长了,简直就像头上长了角,它们正是因此而得名。它们的牙甚至有身体的三分之二长。大部分雄性一角鲸和一些雌性一角鲸都长着这种威风凛凛的长牙。这颗长牙用处非常多,可以在深海里搜寻鱼群,或是互相摩擦以示问候。另外这颗长牙非常敏感,还能帮助它们察觉周围海水和空气的细微变化。

鮟鱇鱼说：
耐心点儿，爱情只是迟到了

虽然鮟鱇鱼长相奇异，像个怪兽，但其实都是"肥宅"。它们总是静静地待在海底，头顶上挂着一个尖尖的小诱饵"守株待兔"。深海中的鮟鱇鱼头顶的这个小诱饵甚至还会发光，小鱼们抵挡不了亮闪闪的诱惑，好奇地游过去查看，鮟鱇鱼就会突然张大嘴巴，一口一条肥美的小鱼。不过，"肥宅"谈恋爱总比普通人困难一些。雄性鮟鱇要花很长时间找"女朋友"。雄性一旦找到配偶，就会和这条体形比它们大得多的雌性鮟鱇共度余生、白头偕老。

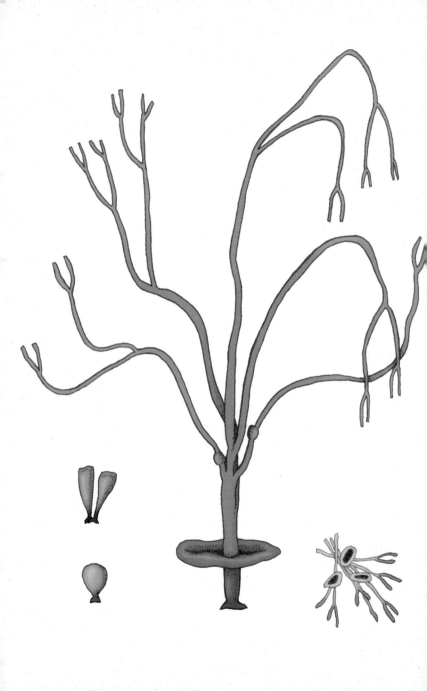

海藻说：
做好迎接动荡的准备

海藻没有陆生植物那么幸运，无法在礁石上扎根，但它们没有轻易认输，而是长出了吸力超强的"软垫"，把自己牢牢地吸在海底。这个"软垫"就是"固着器"，有了它，海藻就可以长得很高，安安稳稳地度过整个夏天。海藻越长越大，被风暴和洋流冲走的危险也就越来越大。帽贝、海胆这类食草动物又很喜欢搬来和它们当邻居，结果它们变得越来越重，更容易被洋流冲走。有些个头儿比较大的海藻，想想即将来临的可怕的季节性风暴，干脆在冬天到来之前结束了自己的生命。

海草说：
在平静的水中扎根

在不幸的海藻还紧紧抱着礁石和洋流奋战时，海草已经选了个风平浪静的地方躺平，把根扎进软软的沙土里。在地中海清澈的水面下，就生长着广阔的波西多尼亚海草草甸，它们是海马、赤虹和海葵的美丽家园。调皮的海浪也喜欢海草，如果海草的叶片断裂，海浪就会翻滚着把它们揉成软软的小球冲上海滩，形成一座座"小山"，为陆生植物提供营养。

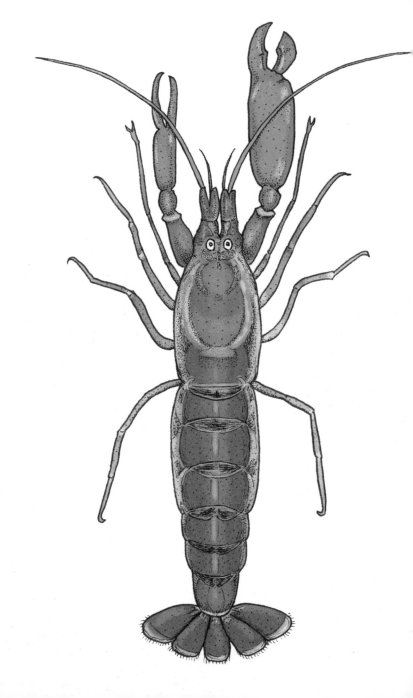

枪虾说:
健康的家庭都会吵吵闹闹

枪虾喜欢举着两只大小不一的螯走来走去,其中一只有它身体的一半那么长。这只被枪虾珍视的巨螯可是暗藏玄机——能发出爆破般的声响,声浪足以击晕附近的猎物。如果一群枪虾聚在一起捕猎,那方圆几十米都能听到它们震耳欲聋的"交响乐"。科学家们发现,在这些枪虾吵吵闹闹生活的地方,珊瑚礁往往都很健康,年轻的鱼儿也喜欢钻进珊瑚欣赏枪虾的"演唱会"。这充分说明:一个健康的家庭常常都是吵吵闹闹的。

珊瑚说：
在生活的战场上找到
适合自己的位置

在珊瑚礁上，各类珊瑚对领地的争夺战已经白热化，每一种珊瑚都在和它们的邻居奋力争夺黄金地段。它们不仅需要源源不断的食物——微小的浮游生物，也需要干净的水和阳光。珊瑚通过生长在珊瑚礁周围的藻类获得营养，从而茁壮成长。为了和邻居竞争这些藻类，珊瑚们绞尽脑汁，长成了各种奇怪的模样，有的像大脑，有的像手指，有的像树枝。

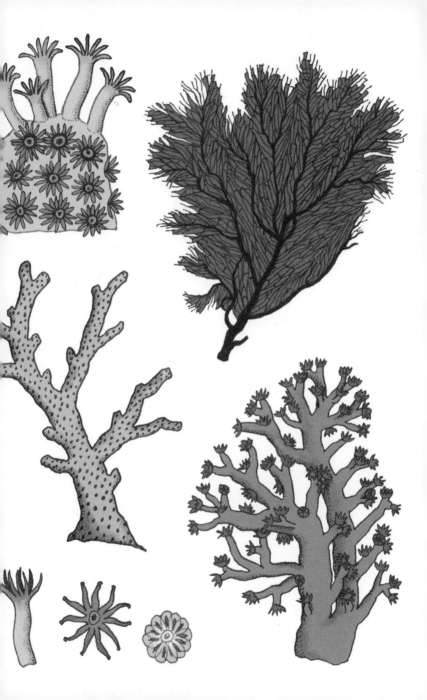

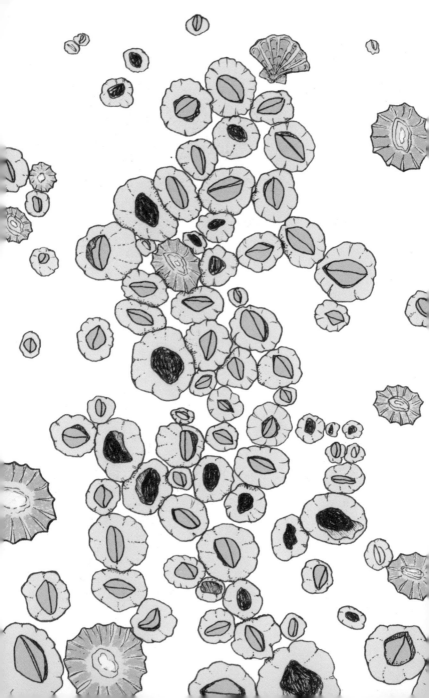

藤壶说：
精心挑选你的住处

藤壶在其生命之初，无助地漂浮在浮游生物之间，它会在生长过程中改变自己的体形。这些小东西选择定居地点时非常挑剔，因为一旦成年，它们就再也无法离开它们的家了。它们在水中漂浮，绕着有目标家园的礁石仔细考察，找到满意的地方后，就会倒挂附着在礁石上，让身体逐渐钙化。它们的"腿"会向上生长，将整个身体包裹在一件装了活板门的"盔甲"里。在其后的生命里，这些精致的"腿"就是它们捕食浮游生物、赖以为生的工具。

潮汐说：
潮起潮落，顺应节律

潮汐是由月球和太阳的引力引起的，在大多数地方，大海每天都要涨潮、退潮。潮汐的节律是固定的，我们可以准确地推算出多年以后的潮汐。在新月和满月的时候，太阳、月球与地球会连成一条线，产生特别大的引力，引起巨大的潮幅，这种现象被称为"朔望潮"。如果你想探索海岸线，或者想在退潮时惬意地坐在广阔的海滩上，那么这段时间就是最好的时机。

海星说：
不要害怕受伤，
时间会修复伤痛

在众多瑰丽多姿的海洋生物的映衬下，海星看起来平平无奇，不过它们凹凸不平的表皮下隐藏着强大的生命力。海星的一生中要面对猛烈的风暴和可怕的掠食者，就连它们最喜爱的食物——贻贝和小螃蟹，都有可能反咬它们一口。但海星可不会怕的。遇到险情时，它们可以不假思索地放弃一整只脚，然后迅速逃离，之后再长出一只全新的。事实上，哪怕一次性断掉两只、三只，甚至四只脚，海星都可以在一年内基本恢复正常。我们的生活中偶尔也会出现不幸和意外，而人类的身体从伤害中复原的能力也是相当惊人的。一个小伤口或是受到的其他伤害，都无法阻止我们去做自己喜欢的事情。

大海说：
自然蕴藏着治愈的力量

大海能够为我们的身体、心灵和灵魂注入自然的疗愈力量。海水不停地运动，这种强大可靠的力量既使人放松，也让人感到兴奋。如今人们越来越意识到，在海中漂浮或是在海边休憩，对我们的身体和大脑大有裨益。不管是静静地坐在海边，还是随着海浪上下起伏，你都会感受到接纳和疗愈的力量。当然，这也可能会给你带来危险，所以千万不要靠近海边的悬崖峭壁，也不要去超出自己能力范围的地方游泳。但是在海边度假会让你感觉更好，这是不争的事实！

飞乌贼说：
准备好迎接惊喜吧

你或许见过飞鱼，但你听说过"飞乌贼"吗？它其实是一种软体动物，和蛞蝓、海螺是亲戚。但和那些慢条斯理的亲戚不同，日本飞乌贼（学名：太平洋斯氏柔鱼，拉丁文"Todarodes pacificus"）的行动速度可一点儿都不慢。它就像一架喷气式飞机，靠身上的虹吸管（一种漏斗状的管）高速喷射水流，推动身体前进。它们每年都会迁徙，以平均每秒 3 英尺（约 0.9 米）的速度行进 1200 多英里（约 1931 千米）。它们的最高速度可以达到每秒 10 英尺，每小时 7 英里（约 3 米 / 秒，11.3 千米 / 小时），这足以让它们超越海洋的束缚，弹射到海面之上。空气的阻力比水的阻力更小，一旦飞入空中，它们的时速就能达到 25 英里（约 40.2 千米），从而逃脱任何捕食者的追逐。是不是很不可思议？不过当你亲眼看到时，你就会相信的。

竹节花蛇鳗说：
机遇往往隐藏在危机之中

巨环海蛇是海蛇的一种，它们是毒性最强的蛇类之一。但巨环海蛇很少咬人，它们的食物主要是鱼，因为它们的嘴非常小。对于这样危险的家伙，大家自然都敬而远之，但无害的竹节花蛇鳗却看到了危机之下隐藏的好机会。它们与巨环海蛇一起生活，自由自在地在海里畅游，而无须担心爱吃它们的捕食者伺机而动。这种拟态在水下世界很常见，有时候你还真是很难分清谁是谁。

圆鳍鱼说：
不要以貌取人

圆鳍鱼长了一张大概只有它们亲妈才会喜欢的脸，不过它们并不是怪物。这种鱼雄性是蓝色的，雌性则是棕色的，身上都长满了凸起物。雄性圆鳍鱼是个负责任的好爸爸，会待在岸边隐蔽的坑洞里守候着鱼卵，直到它们孵化。你很难在这样的地方见到比它们更大的鱼了。雄鱼守候鱼卵的时候一动也不动，它腹部的鳍会变成一个圆形的吸盘，帮助它吸在海床上。了解了这些，你会不会觉得它们其实是一种非常可爱的鱼？

泥潭说:
陋室虽简,有容乃大

歌里会唱"泥巴让河马快乐",但其实它更能让蠕虫、蛤蜊和海里的鱼儿们快乐。泥土的表面看上去平平无奇、毫无生气,但仔细观察,你就会发现,它从里到外孕育了太多的生命。泥潭简直是鱼儿们的粮仓。赤魟之类的鲽形目鱼都能够察觉泥土下不幸的蠕虫,把它们吸起来吃掉。海鲈鱼、乌鱼和鲱鱼则会利用有遮蔽的泥泞浅滩作为育儿场所。它们找到一处好地方便不会轻易离开,因为幼鱼吃着这里营养丰富的蠕虫会迅速成长。

蠕虫说:
我也可以很漂亮

在海底世界,蠕虫非常重要。它们不但"实用",长得也很有趣。比如"圣诞树蠕虫",它们的身体隐藏在小小的珊瑚礁洞里,只有在进食的时候,才会伸出羽毛状的触须,看起来就像一棵冷杉树,上面还有闪闪发光的小装饰。而"球衣纽虫"身上则布满运动范儿的条纹。它的亲戚"鞋带蠕虫"的身体极长,长达180英尺(约54.9米)。

海蛞蝓说：
雌雄同体，百毒不侵

海蛞蝓种类繁多，各不相同，其变化放在整个动物界，都令人惊叹。它们拥有华丽的名字，如"西班牙舞者""西班牙披肩""蓝色海神"等，而它们的外表之美丽已远超人类的命名。它们的生活丰富多彩——几乎每一只海蛞蝓都同时拥有雄性和雌性的性器官。在这个不断变化、充满不确定性的世界里，它们最大限度地保证了繁殖的机会。有些海蛞蝓还会以有毒的动物为食，利用它们的毒素来自卫。

圆蛤说：
生命在于静止

虽然听起来像天方夜谭，但一种看起来再普通不过的蛤蜊似乎已经掌握了战胜衰老的秘诀。这种双壳软体动物叫作海洋圆蛤，科学研究证明，它们能健康地活到至少500岁。更令人惊讶的是，与年轻的标本相比，年老的海洋圆蛤的组织似乎没有衰老的迹象。那么它们长寿的秘诀是什么呢？大概就是安稳地生活在松软的泥床上，从海水中过滤出丰富的食物吧。活到今天的海洋圆蛤，很可能见过在海上航行的克里斯托弗·哥伦布呢！

座头鲸说：
学会爱别人

座头鲸是一种体形巨大的鲸鱼，身长可以达到 50 多英尺（约 15.2 米）。对大多数掠食者来说，成年座头鲸的体形太大了，难以对付。但幼鲸需要 10 年以上的时间才能成年，在这期间，逆戟鲸、虎鲨等都有可能伤害或杀死幼鲸。所以座头鲸妈妈会持续照顾幼鲸数年，尽最大努力抵御所有掠食者。它们也很乐意帮助其他动物，如帮海豹赶走身边的掠食者，有时还会帮助在海洋里遇到危险的人类呢。

抹香鲸说：
寻找语言的乐趣，
与他人保持联系

抹香鲸的大脑是已知的动物中最大、最重的，为了保护好它，抹香鲸有着一个巨大的脑袋和一张长满牙齿的嘴巴。抹香鲸就是用嘴来捕捉它们最喜欢的食物——乌贼的。当它们在深海里捕食时，就通过响亮的"嗒嗒"声和口哨声来传递信息。而当它们浮出海面时，又会换一套声音来保持联系。生活在不同地区的抹香鲸还有各自的"方言"呢，有时"方言"的区别之大，导致它们自己也会出现沟通障碍。

小丑鱼与海葵说：
找到你的最佳拍档

小丑鱼和海葵可不是海洋里的"小丑"，只敢躲在黑暗的角落里，色彩鲜艳的它们都是"海洋大舞台"上的耀眼明星。不过"明星光环"也时常让它们感到烦恼，哪怕它们藏身在明艳的珊瑚里，也无法逃过饥饿的捕食者的视线。好在海葵身上长满带刺的触手，吓得大多数海洋生物都不敢靠近。但小丑鱼却可以忍受海葵的刺，藏身于海葵触手的美丽丛林里，摇身一变成了"海葵鱼"。对于这种生活方式，它们双方都很满意，小丑鱼有了安全的家，而海葵有了小丑鱼这个"护卫"，帮它赶走一些捕食者和对它有害的生物。再加上小丑鱼和海葵吃起东西来都不讲究，所以它们还可以分享对方吃剩下的食物残渣。就这样，它们在海洋里相扶相依，健康茁壮地成长。

海豹说：
有时你得学会照顾好自己

灰海豹幼崽总是出生在深秋或是冬天寒冷的大海里。幼小的它们完全依赖母亲生存，需要营养丰富的乳汁才能快速长大。可是母亲也得吃东西呀，每当这时，它们就只能把自己的幼崽独自留在岸边好几个小时。它们会把小海豹小心地藏在非常隐蔽的海湾里，捕食者很难找到。虽然在人类眼中海豹幼崽孤独无助，但小家伙的生命力其实非常顽强。它厚实的皮毛足够应付冬季的天气情况，而在很短的时间里，它就会褪去毛茸茸的白色皮毛，做好独自遨游大海的准备。

章鱼说：
换个角度思考

章鱼是一种令人惊叹的生物，在很多方面都是如此。它们有 3 个可以将蓝色的血液泵送至全身的心脏，还长了 8 条腕足。它们可以在几毫秒内改变皮肤的颜色和质地，以模仿周围环境或展示某种复杂的情绪，而且它们还有着超高的智商。它们有很强的好奇心，是高明的逃生艺术家，还有测试表明，它们具有惊人的记忆力和解决问题的能力。更令人惊奇的是，它们的大脑系统分布在那 8 条腕足上——看起来，章鱼的腕足可以自行思考！

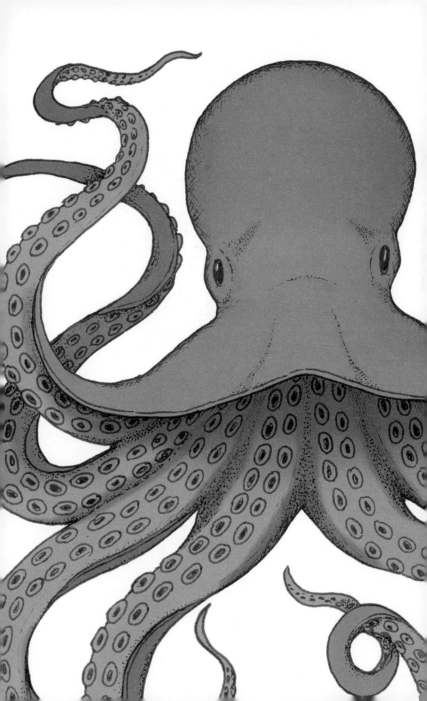

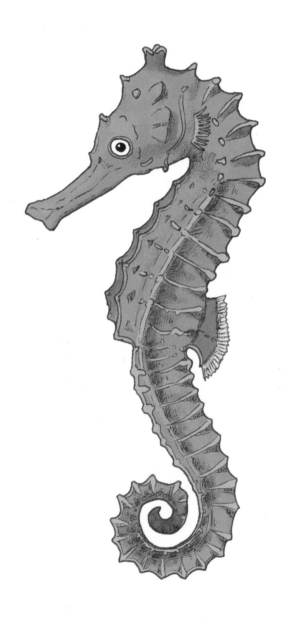

海马说:
学会融入环境

海马的品种有很多,有不到拇指指甲盖大的侏儒海马,也有身长超过 1 英尺(约 30 厘米)的品种。雄性海马负责孵卵和育儿,幼崽就是从它们肚子上的育儿袋里出生的。不管是成年海马还是海马幼崽,都非常善于隐藏,你很难在海藻、珊瑚和海草间发现它们的踪迹——不光人类,就连被它们捕食的小虾米也很难发现它们。它们可以长时间地静止不动,即使在周围环境中移动也悄无声息,一旦时机成熟就猛地将猎物吸入口中。

叶海龙说：
在光天化日下藏起锋芒

叶海龙是一种形似海马的鱼，它们将伪装技巧发展到了出神入化的境界，堪称精巧的艺术。叶海龙的身体上长有杂草形状的附属物，这让它们看起来就像一团海藻，而非动物，所以它们混迹在海藻中时近乎隐形，即使在没有任何遮蔽的时候也可以自由自在地移动，丝毫不必担心会被吃掉。直到 2015 年，人们才在澳大利亚南部的深海中发现一个新的海龙品种，可见它们的隐身技巧有多么强大！

吞噬鳗说:
机会到来时要抓得住

海底的世界太大了,不论是寻找食物,还是偶遇同类,都不是件容易的事情。大海深处也非常黑暗。对吞噬鳗这样的生物来说,敏锐的嗅觉和触觉,以及闪电般的反应速度,就是它们赖以生存的手段。这种样子奇奇怪怪,通常细细长长宛如鳗鱼的鱼类可以将嘴巴张得非常大,以吞下猎物,它们的身体也可以伸展,装下比自己更大的猎物。可别小看这一点,毕竟它们很可能要花上几周时间才能找到一顿饭。吞噬鳗还可以将身体胀大,吓跑捕食者。还有一些种类的鳗鱼尾端能发出萤火虫一样的闪光,以吸引食物和配偶。

棱皮龟说:
慢慢来才能走得远

对棱皮龟来说,体形真的很重要。所有的海龟都是爬行动物,所以它们属于冷血动物,需要保暖才能行动。成年棱皮龟可以通过皮肤下的脂肪组织和血管来保持体温。这种海龟刚出生时身长还不到 10 厘米,需要在温暖的热带海洋中生活。但渐渐长大后,它们就会冒险进入凉爽的水域,在那里寻觅它们最爱的食物——大型水母。这时的棱皮龟堪称伟大的海洋流浪者,可以漫游到很远的地方。

海鬣蜥说：
相信自己在任何环境中都能生存

海鬣蜥是一种爬行动物，一般认为其祖先生活在中美洲，后来跟随一些残骸碎片漂到了加拉帕戈斯群岛。为了生存，它们学会了潜入大海，在海底浅滩采集美味的绿色海藻。这里的水很冷，海鬣蜥出水后要在阳光下取暖好几个小时才能活命。被咸咸的海水浸泡过的皮肤经太阳一晒便会皲裂。它们在潜水后还得经常打喷嚏，好把盐水从鼻孔里排出来。

姥鲨说：
做一个温柔的巨人

姥鲨身长超过 30 英尺（约 9 米），重达 7 吨，是北大西洋中体形最大的鱼类。放眼全世界，鱼类中比它们体形还大的也就只有鲸鲨了。它们虽然大，却不会吃掉你。姥鲨最爱的食物是富含浮游生物的海水"汤"。我们经常可以看到它们又大又圆的背鳍连同尾巴尖和鼻子一起露出海面，形成三叉形——或许关于海蛇妖的传说就是这么来的吧。

濑鱼说：
自己搞不定的，
就请人帮忙吧

海底世界也有有害的寄生虫，鱼、龟和其他生物都无法轻易地清除自己皮肤上的虱子和其他害虫。但这些动物知道，只要去拜访一趟清洁工濑鱼，就能得到一次免费的健康清洁服务。濑鱼"乐于助人"，最擅长为其他动物清理皮肤和去除虱子。濑鱼的家安在珊瑚礁，它们在那里等待访客前来，包括以其他鱼类为食的鲨鱼和石斑，不过鲨鱼和石斑都不会伤害濑鱼，只是来此享受它们的服务。一条优秀的濑鱼一天可以服务超1000条鱼，它们身上的虱子足够给它提供享用不尽的食物了。

虎鲸说:
做有策略的思想者

虎鲸,也叫逆戟鲸,它们与海豚的亲缘关系最近,是非常聪明的猎人。逆戟鲸总是成群结队地出行,通常由雌性头鲸领导。一个逆戟鲸群可以在一起生活几十年,发展出成功的狩猎方式。成员之间会保持密切的交流,但在靠近猎物时会进入无声的"隐形"模式,发动出其不意的袭击。它们还会针对不同的猎物使用不同的策略,如把倒霉的海豹从浮冰上晃下来;用尾鳍将鱼群逼成密集的一片,方便一次性解决;甚至还会追赶并淹死比自己体形更大的鲸鱼。

巨藻说：
趁着阳光正好，肆意生长吧

尽管只能在短短的一个季节里生长，但有些海藻还是能长得和树一样高。每年春夏，生长在加利福尼亚海岸沿线的巨藻便会以每天1～2英尺的速度（约为30～60厘米），从100英尺（约为30米）深的海底向着阳光能照到的海面生长。幸运的是，这里寒冷的海水中营养物质丰富，而海藻体内的气囊能帮助它们保持直立，沐浴在靠近水面的阳光中。来到水面以后，海藻的叶片还会继续生长，海獭们就利用这些叶片和自己的幼崽一起休憩。

海獭说：
不要吝啬玩耍的时间

海獭身上覆盖着一层非常浓密的皮毛，这些皮毛既能让它们保持温暖，也能让它们在海面上漂浮。它们甚至可以仰面浮在水上，胸前放一块石头，在上面敲碎坚硬的蛤蜊壳。它们生活在一个恶劣又危险的环境中，不得不面对猎食的鲨鱼、极端的天气以及凶猛的水流。但即使是成年海獭，也会花时间一起玩耍，扭打嬉戏，摆弄它们找到的东西。人们常会看到它们在睡觉时"手牵着手"，这样就不会被洋流冲散。

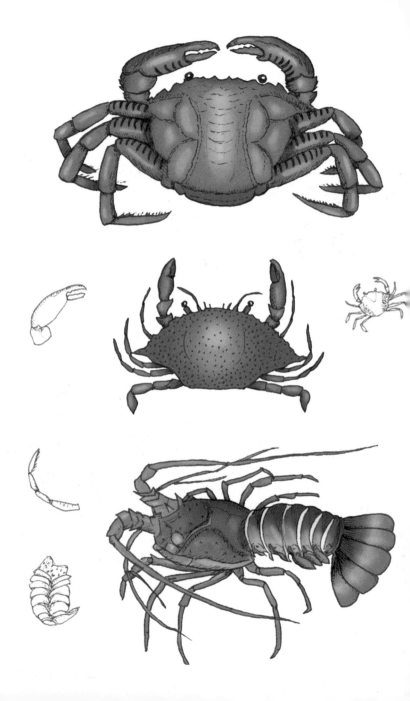

螃蟹说：
生命中最美好的东西
都是免费的

许多海洋生物都是食腐动物，会食用其他动物的尸体。螃蟹和龙虾都是寻找免费食物的专家。生活在岸边的螃蟹会吃死去多时的鱼、海螺、蠕虫、海藻，甚至还会吃同类的遗体。螃蟹的坚硬外壳就像它们的外骨骼，需要定期脱落，一般每年一次。你有时会在海边的礁石下发现一只非常柔软的螃蟹，旁边还有一个空的躯壳。这空的躯壳就是这只成长中的螃蟹刚刚脱落下来的外壳。若是有幸看到螃蟹脱壳，你就能亲眼看到一只柔软的螃蟹在你眼前成长。

海葵说：
柔软也可以是种力量

海洋中一些身体最柔软的动物往往生活在条件最艰苦的地方。在海葵生长的地方，巨浪和激流几乎冲走和摧毁了所有其他生物，但它们会粘在礁石上，或是将自己埋在沉积物中，躲过一切伤害。一旦离开了水，或是处于平静的环境中，它们看起来就像是没有形状的一小团，但当周围的水快速流动时，它们的触须便会张开，看起来就像一朵无比精美的花。它们的触须上布满了微小的刺细胞，可以从海水中捕捉食物，包括小虾以及漂浮的腐肉等。

鲑鱼说：
逆流而上

鲑鱼与海里的其他鱼类不同。尽管大部分时间都生活在海水中，它们生命的开始与结束却都在淡水河流里。大西洋鲑鱼的生命开始于一个藏在远离大海的河床砾石中的小小鱼卵。为了在这里产卵，鲑鱼的父母勇敢地逆流而上，跃过台阶般的堰坎和瀑布。在产卵后，雄性鲑鱼和雌性鲑鱼都会变得非常虚弱，难以再返回大海，只有一些幸运者能够存活下来，再次回到大海。

鸡心螺说：
美丽有时很致命

有些漂亮的海螺是有毒的，如鸡心螺（也叫芋螺）。它们散落在沙子和珊瑚中，看起来漂亮又无害，你可能很想捡起一只。但如果你这么做了，或者只是靠得太近打扰了一只活着的鸡心螺，那就有被带刺的"鱼叉"攻击的危险。这种"鱼叉"上带有毒液，其强度足以杀死人类。鸡心螺正是用这种剧毒武器捕鱼，抓获食物。这种海螺通过不断进化，可以产生一系列的化学物质，令人惊叹的是，其中一些还有止痛的功效，现在已经被人类用在了止痛药中。

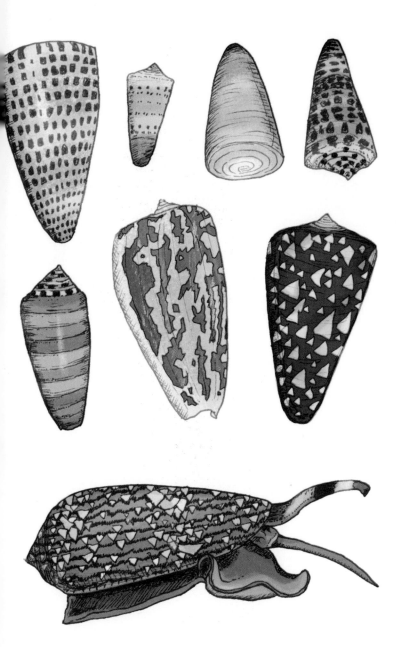

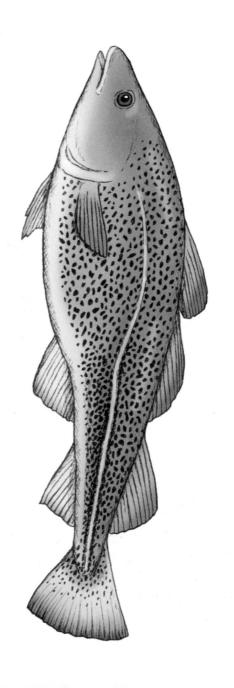

大西洋鳕鱼说：
平平淡淡也是一种成功

大西洋鳕鱼看起来没什么特别，却是世界上最受人们欢迎的鱼类之一。它们生活在靠近海底的地方，以较小的鱼类、贝类、乌贼和螃蟹为食。它们的寿命可以达到 25 年甚至更久，繁殖能力也非常强——一条体形较大的雌鳕鱼一次可以产下几百万个 1 毫米大小的鱼卵，而且鳕鱼总是一大群聚在一起产卵。不过最近几十年来，渔业的发展让它们的数量大幅减少。

宽吻海豚说：
吃饭要靠机智

宽吻海豚是一种高贵又聪明的动物，不管海水是温暖还是寒冷，是清澈还是混浊，它们都能过得悠然自得。它们会利用声波捕捉食物，发出"嗒嗒"声和口哨声，通过声波碰到水中物体后的反射来判断周围的环境。至于它们究竟是如何发出这些声音的，又是如何判断声波的，人类还没有完全弄明白。目前我们确定的是，它们制造这些声音的器官在头部，被称作"蜜瓜"。

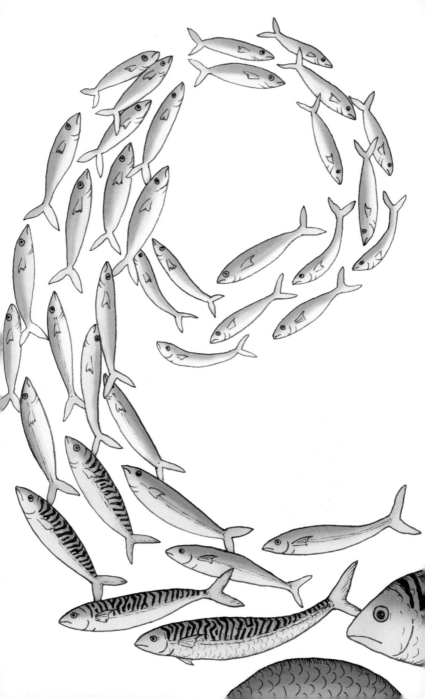

鲭鱼说:
一直游下去

鲭鱼长得很好看,它们的背部有蓝色和黑色的斑纹,腹部是银色的。鲭鱼总是成千上万条在浅海结伴同行。它们游得非常快,为了从水中吸取氧气,夜以继日、一刻不停地游着。在这种不断向前游动的过程中,它们并没有时间去仔细选择食物,只会吞下大多数种类的漂浮物。鲭鱼的寿命可以长达 18 年,但作为一种高油脂的鱼类,它们很受人类喜爱,并因此被大量捕捞。

水母说:
美不需要很复杂

水母是非常原始和简单的动物,它们没有大脑,没有心脏,也没有任何形式的骨骼。大部分水母的身体呈圆形或钟形,有口和简单的肠道,向下垂入水中的触须上长着刺细胞。这种极简的解剖结构帮助水母在世界上所有的海洋中茁壮生长,从热带到两极,从表层水域到极深的海底。有些水母的刺细胞非常厉害,因此最好不要触碰它们,即使它们长得如此漂亮,形态各异,令人着迷。

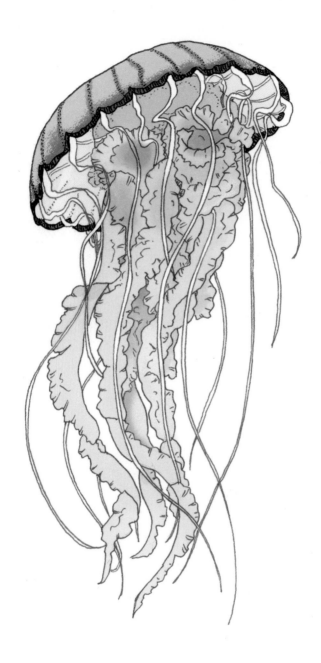

鲽形目鱼说：
重新发现青春的色彩

有时候海水太冷了，似乎不适合游泳，但即使在冬季，海岸附近的浅水中也有和夏季一样种类丰富的生命，值得你去冒个险。就在离岸一两米的地方，你能找到鲽形目鱼、濑鱼和青鳕鱼的孵育区。这些鱼年轻的时候色彩斑斓，但成年后身上的图案便会消失。戴上浮潜面镜和呼吸管，去探索这个美丽的生命世界吧！各种各样的海胆、海星、螃蟹和海鞘，每一只都是这个小世界的迷人一笔。

大青鲨说：
可怕的动物也需要我们的保护

大青鲨是海洋中的流浪者。它们的身形比例优雅，皮肤光滑，闪着银蓝色的光。它们游得很快，主要捕食乌贼和小鱼，有时也吃腐肉。它们的嗅觉非常敏锐，附近死去的鲸鱼偶尔能为它们提供一顿大餐。大青鲨是一种很受人类喜欢的食物，在有些地方，它们的鳍（鱼翅）还被用来做汤，所以它们也是被捕捞量最大的鲨鱼之一，现在已经成了濒危物种。在此呼吁：请不要食用鱼翅。

海雪说：
一个人的废物是
另一个人的宝藏

在大海里，垃圾很少见。但还是会有一些残屑从阳光照射的水面落入更深的水域。这些残屑由腐烂的动物、鱼鳞和排泄物组成，以稳定的速度缓缓落向海底，它们有个美丽的名字——"海雪"。在这个过程中，"海雪"的很大一部分会被虾、海螺等食腐生物吃掉。剩下的到达海底，其中的营养物质就会被保存在沉积物中，直到强劲的洋流将其带往其他地方。它们还可能会以海岸上升流的形式返回岸边。海洋是一个不断循环的系统。

海滨线说:
捡拾生活中美好的碎片

大海在海滩上留下了很多珍宝,许许多多奇妙的事物共同构成了一道"海滨线"。在这里,你能找到贝壳、墨鱼骨、"美人鱼钱包"(指某些鱼类的角质或革质卵壳)以及很多海藻。对野生动物来说,海滨线是一份免费的礼物,许多昆虫和肖似鼠妇的海蟑螂以其中的腐烂杂草和动物遗骸为食。大海也会送上卵壳、骨头和贝壳,令人难过的是,通常还有人类制造的垃圾。不过这些东西可能是从遥远的海域和陆地漂来的,在里面"寻宝"也是一件令人着迷的事。

鹦嘴鱼说：
睡觉是一门艺术

鹦嘴鱼以它们特殊的方式为夜晚做准备。它们会找到一条藏身的裂缝，用口中分泌的厚厚的黏液覆盖全身。不出所料，这样捕食者就不会去打扰它们了。但这个黏糊糊的"睡袋"最大的好处，还是保护鹦嘴鱼在睡觉时不受寄生虫的侵扰。有些鹦嘴鱼以珊瑚为食，它们会咬下大块的活体珊瑚礁，而珊瑚礁上那些不能吃的部分就会被它们小块小块地排出体外——我们有理由相信，这些鱼儿为海滩提供了大量的沙子！

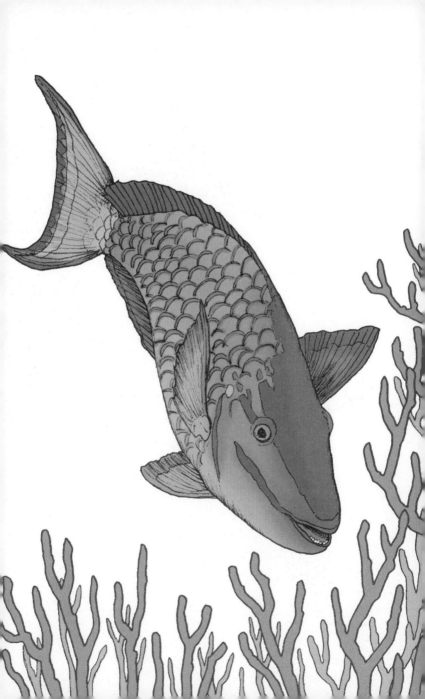

蓝鲸说：
当你找到适合自己的
食谱——请坚持下去

蓝鲸体形庞大，身长超过 100 英尺（约 30 米），体重超过任何已知存在的动物。它们能长这么大，几乎全靠吃磷虾——一种海洋中常见的类似虾的小生物。蓝鲸一口就能吞下成千上万只磷虾。南极洲附近盛产磷虾，于是包括蓝鲸在内的好几种鲸鱼都会迁徙至此，只为好好享用这顿营养大餐。

海底火山口的生命说：
生活在边缘

热液喷口是海底的火山状裂缝，它会从海床下方的熔岩中喷出加热过的海水和化学物质。这些地方也孕育了种类丰富的生命，但这些生命非常特殊——它们不是以浮游植物和光合作用为生的，而是由细菌利用水中的矿物质和化学物质制造能量，这个过程被称为化学合成。诸多在其他地方不可能看到的动物在这里茁壮生长，包括巨型管虫，它们的身体组织中就有这样的细菌。还有一些品种的螃蟹和虾，它们能够忍受这里对大多数海洋生物来说十分有害的环境。

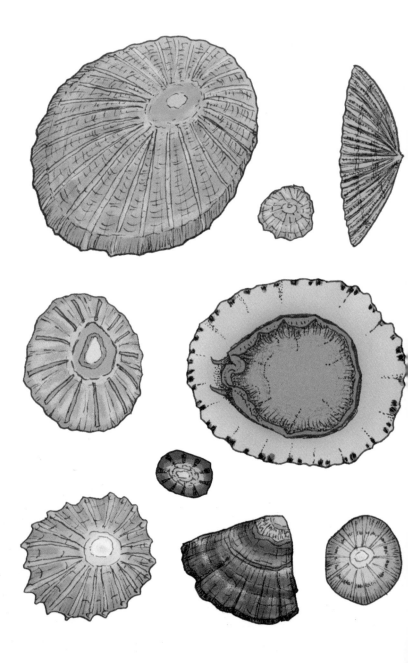

帽贝说：
打造你自己的家园

帽贝是一种很常见的锥形贝壳，我们常常可以见到它们被困在礁石滩上。帽贝大都是白色的，但由于它们的移动速度很慢，所以总被藤壶和海藻覆盖。当潮汐来临时它们也会移动，以藻类为食，之后再回到原来待着的礁石上，那里石头的形状与它们的壳正好契合（我们管它叫"家槽"）。帽贝进食时，会用一种形似舌头、上面有小齿的器官"齿舌"来摩擦石头和海藻。这些小齿是由自然界最坚硬的材料组成的，比多数岩石都要坚硬。

海笋说：
无聊（钻孔）也没关系

钻孔动物（在英文中，钻孔动物被称为"boring
animals"，与无聊"boring"正好是同一个词）慢慢
地在岩石或木头上钻孔，通常是为了建造一个坚固、
安全的家。海笋是一种不同寻常的双壳软体动物，有
点儿像贻贝。它们用自己的壳摩擦那些柔软的礁石，
如白垩或疏松的砂岩，弄出一个管形坑洞，然后住进去。
如果你在海滩上找到被冲上岸的海笋壳，可能会惊叹
于它有多薄、多脆弱。若是把两块海笋壳放在一起看，
你会发现它们看起来像一对美丽的翅膀——它们也因
此得名"天使的翅膀"。

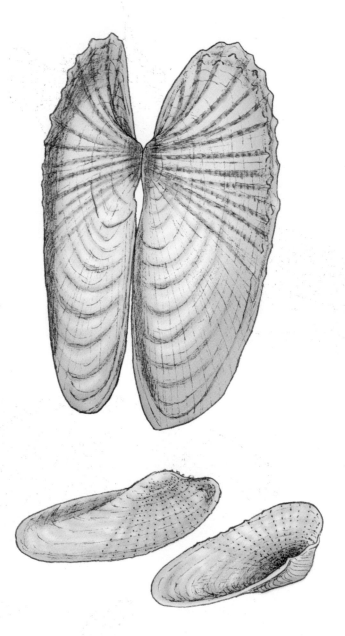

濑鱼说：
不被性别限制

濑鱼色彩斑斓，能让整片海藻森林和珊瑚礁、礁石滩都变得明亮起来。它们有很多不同的种类，其中一些会用不同寻常的方法确保有足够多的雄性来繁殖。在濑鱼出生的时候，雌性的数量远高于雄性，但随着它们逐渐长大，雄性数量会变得"不够用"，这时一些雌性濑鱼就会变成雄性。这一切都发生得如此之快——对蓝头濑鱼来说，只需要20天。我们已知还有好几种其他鱼类和海洋生物会改变性别，从雌性变成雄性，或是从雄性变成雌性。此外，还有很多物种是雌雄同体的，或者可以变成雌雄同体——毕竟海洋是一个流动的环境。

比目鱼说:
变化是生活的调味品

鲽形目鱼是多骨鱼类,身体扁平。当它们还是在浮游生物间游动的小鱼时,看起来和其他鱼类很像——头部两侧各长有一只眼睛。但随着它们渐渐长大,会经历一个变形期,而后两只眼睛都会来到身体的上侧。比目鱼、鲽鱼、鳎鱼的脸近看都很滑稽,它们的嘴很扭曲,看起来仿佛在露出一种不太舒服的表情。当然,前提是你能找到它们——它们都很擅长伪装,往往隐藏在沙子里。它们与鳐鱼并没有很近的亲缘关系,却都进化出了扁平的体形,这让它们成为优秀的海底猎手。

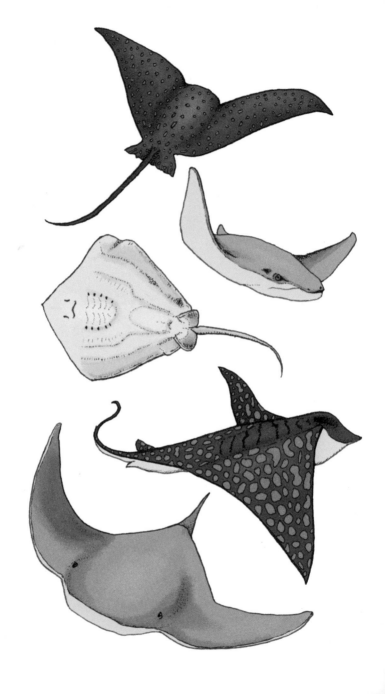

鳐鱼说:
放大敏感的优势

鳐鱼拥有古老的血统,和鲨鱼一样,它们的骨骼系统由软骨构成,而不是一般的骨头。大多数鳐鱼生活在靠近海底的地方,有些品种口鼻附近有非常敏锐的感受器,可以从埋在沙子里的动物身上接收电脉冲,然后把它们挖出来吃掉。体形巨大的蝠鲼则不一样,它们优雅地游过水面,以浮游生物为食。许多鳐鱼可以长得很大,比如灰鳐——在春天的海滩上,你有时能找到它们的卵壳,足足有20厘米长。这些卵壳也被称为"美人鱼钱包",一只小鳐鱼刚刚从里面孵出,在海洋里畅游呢。

海鞘说：
进化的目的是适用，
而非复杂

海鞘长得普普通通，但科学家认为，在进化祖先方面，它们比其他大多数无脊椎动物都要更接近人类。这是因为海鞘在幼体形态时，长有一个神经系统，这与人类、鸟类、爬行动物和鱼类的胚胎阶段比较类似。我们很容易认为，进化是随着时间的推移，从简单形式向复杂形式的稳步推进，但很多物种表明并非如此，它们进化成了适应海洋生活的样子，比如海鞘。灯泡海鞘的身体大部分都是透明的，它们暴露在光线下时会反射出一道道明亮的白光，就像老电灯泡中的灯丝。

火焰墨鱼说：
尽情光彩夺目吧

就造型和色彩而言，没有什么动物能比得上墨鱼了。它们有巨大的脑袋和锐利的眼睛，可以看到周围的一切。墨鱼很可爱，它们的皮肤颜色和图案可以瞬间变化，方便隐藏和捕猎。火焰墨鱼甚至可以改变身体的形状，让自己看起来像是另一种完全不同的生物，它们还能变化出各种神奇的颜色，如粉色、紫色和蓝色等。墨鱼依靠身体中一种白色骨头状的结构漂浮在水面上，比起它们柔软的身体组织，这种结构在它们死后能够保持得更久，可以完好无损地在水面上漂浮好几个月，还常常被冲到岸边。

索引

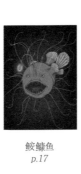

海滨线
p.100

海草
p.21

海底火山口的生命
p.107

海葵
p.81

海蛞蝓
p.45

海鬣蜥
p.66

海鲈鱼
p.41

海马
p.58

海绵
p.10

海笋
p.111

海獭
p.77

海星
p.30

123

海雪
p.99

海藻
p.18

虎鲸
p.73

火焰墨鱼
p.120

鸡心螺
p.85

巨藻
p.74

宽吻海豚
p.89

濑鱼
p.70

蓝鲸
p.104

姥鲨
p.69

棱皮龟
p.65

帽贝
p.108

抹香鲸
p.50

螃蟹、龙虾
p.78

枪虾
p.22

鲭鱼
p.90

珊瑚
p.25

圣诞树蠕虫
p.42

水母
p.93

苔藓虫
p.9

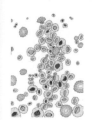
藤壶
p.26

吞噬鳗
p.62

鮟鱇鱼
p.13

小丑鱼、海葵
p.53

鳐鱼
p.116

叶海龙
p.61

一角鲸
p.14

鹦嘴鱼
p.103

圆蛤
p.46

圆鳍鱼
p.38

章鱼
p.57

竹节花蛇鳗
p.37

座头鲸
p.49